大科学家讲科学

（插图版）

人机共创的智慧

戴汝为 著

格子工作室 绘

CHS | 湖南少年儿童出版社 · 长沙
HUNAN JUVENILE & CHILDREN'S PUBLISHING HOUSE

图书在版编目（CIP）数据

人机共创的智慧 / 戴汝为著；格子工作室绘. 一长沙：湖南少年儿童出版社，2023.8（2025.3重印）

（大科学家讲科学：插图版）

ISBN 978-7-5562-7014-9

Ⅰ．①人… Ⅱ．①戴… ②格… Ⅲ．①人工智能－少儿读物 Ⅳ．① TP18-49

中国国家版本馆 CIP 数据核字（2023）第 053575 号

大科学家讲科学·人机共创的智慧
DAKEXUEJIA JIANG KEXUE · RENJI GONGCHUANG DE ZHIHUI

出 版 人：刘星保	总 策 划：周 霞	
策划编辑：钟小艳	责任编辑：钟小艳	
封面设计：进 子	版式设计：进 子	
质量总监：阳 梅	营销编辑：罗钢军	

出版发行：湖南少年儿童出版社

地 址：湖南省长沙市晚报大道 89 号　　邮 编：410016

电 话：0731-82196320

常年法律顾问：湖南崇民律师事务所　　柳成柱律师

印 制：长沙新湘诚印刷有限公司

开 本：889 mm × 1194 mm 1/16　　印 张：5.75

版 次：2023 年 8 月第 1 版　　印 次：2025 年 3 月第 2 次印刷

书 号：ISBN 978-7-5562-7014-9

定 价：29.80 元

目录
Contents

第1章
电脑与人脑的结合

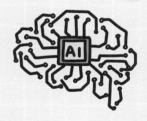

20世纪以来，以微电子技术（提供计算机硬件的芯片）、计算机软件技术、通信网络等技术为支撑的信息技术，得到极大的发展。从经济的社会形态来看，信息资源、知识资源将在生产中占主导地

位。这标志着现代社会生产已由工业化时代进入信息时代。回顾人类在工业革命之后的几百年中，经历了飞速前进的阶段，我们不仅有了蒸汽机、火车、轮船、飞机，以及各种动力设备，而且通过机械化、自

汪星号

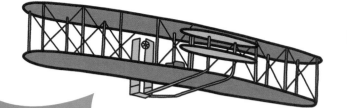

花菜?

动化，在使用机器代替完成体力劳动方面，同样获得了巨大的成功。移山填海、大江截流目前均已成为现实。当人们注视着自20世纪50年代第一台电脑（数字计算机）问世以来，电脑从开始进行数值计算，进行数据处理，逐渐发展到能够处理符号信息、图像语音信息，甚至各种知识信息，而且渗透到了社会经济、管理以及各行各业与生活等无所不包的各个方面时，一个问题便会油然而生，那就是：以往用机器代替体力劳动方面已经获得了成功，而现在有了电脑这样一个处理信息的工具，人脑又是一个信息处理的器官，

在用电脑来代替人脑的部分职能，用电脑模拟思维，产生智能行为方面，能否同样取得巨大的成功？这是信息时代必然会提出来的问题。当信息技术得到充分发展之后，人类就具备了用计算机来代替脑力劳动部分职能的物质条件，在此基础上把人脑与电脑两者的功能很好地结合起来，就可以发展智能科学技术，提供各式各样的智能系统。

关于智能的研究，可以说是有电脑的智能与人的智能两个大的方面。一方面是研究用电脑来实现智能行为。社会的需求与科技的发展，呼唤着一个新学科的诞生。19 世纪以来，数理逻辑、自动机理论、控制论、信息论、仿生学、心理学、计算机等科学技术的发展，为一个新学科的诞生准备了思想、理论和物质基础。在这一背景下，1956 年由美国的一些科学家，包括心理学家、数学家、计算机科学家、信息论学家在美国一所大学举办夏季讨论会，正式提出了人工智能（Artificial Intelligence，简称 AI）这一术语，开始了具有真正意义上的对人工智能的研究。顾名思义，人工智能便是尽可能地用机器体现或模拟人的智能行为，并且最终使机器拥有超出人的本身的能力。对人的智能与机器的智能两方面的研究很难完全分开，两者往往交叉进行。下面我们将着重讨论与机器智能有关的问题。

人工智能自诞生到现在，经历了 60 多年的风风雨雨。60 年间，它历经沧桑，既有成功的欢乐，又有失败的困扰。这个领域的先驱者们早期的主张和过高的期望（例如早在 1958 年，他们在取得一些成绩之后，就曾预言：10 年之后，就可能研制成"电子秘书"，即能像秘书一样为人们服务的电子装置。10 年后实践的结果，想象与现实差距甚大），使得许多其他思想家充满了怀疑并提出了尖锐的批评，对计算机是否能实现人工智能产生了激烈的争论。可以说，迄今还没有哪个学科像人工智能一样受到如此之多的非难。尽管如此，人工智能在许多方面所取得的进展，依然是非常引人注目的。这里首先将向大家介绍 60 年间大多数人工智能工作者们打算让计算机去做的最主要的事情，介绍他们的基本思想和使用的方法、手段，已经取得的进展和遇到的困难，从而使大家对人工智能的基本思想和取得的成就有一个初步的认识和了解，然后再介绍人脑与电脑结合的重要意义及人机结合的智能系统。

　　由于人工智能是一个边缘学科，它是哲学、数学、电子工程、计算机科学、心理学等众多知识的"混血儿"。它的研究队伍汇集了来自很多不同领域的学者，他们抱着各自的目的，来到这个科学的边缘地带，从事着自己感兴趣的工作，他们对什么是"人工智能"有各自不同的理解。要想在他们之中找出一个共同的关于"人工智能"的说法，有一定困难。因此，在讨论其他问题之前，有必要把这个问题澄清一下。

　　从技术的角度看，人工智能要解决的问题是如何使计算机表现出智能，使计算机能更灵活、更有效地为人们服务。只要计算机能体现出与人类相似的智能行为，就算达到了目的，计算机的工作过程是否与人脑在完成同一任务时的工作机制相一致不那么重要。从这种观点出发，人工智能就可以解释为"使计算机去做那些原来需要人的智能才能完成的任务"，特别是那些人们至今还不知道怎样用计算机去解决的问题。可以说，大多数工程技术人员都持这种观点。

　　除上述观点外，人工智能领域中的心理学家、语言学家则倾向于将重点放在用计算机程序去复现人脑在完成同一任务时的内部状态上。他们强调首先要了解人脑活动的机制，认为只有在对人脑的工作机制有了足够了解的基础上，才有可能用计算机去复现它。还有一部分人则侧重于理解形成智能的原理，分析人类智能的特点，并设法在机器上予以实现。由于大家的研究内容和侧重点各不相同，因此对人工智能的认识产生差异是不可避免的，但他们又是相互补充、相辅相成的，从而共同构成了AI丰富多彩的研究层次和多样化的研究队伍。

尽管很难给人工智能下一个大家都能接受的、准确的定义，但从作为一个学科的意义出发，人工智能可以被认为是计算机科学中涉及研究、设计和应用智能机器的一个分支。它的近期目标在于研究用电脑来模仿和执行人脑的某些智力功能，并开发相关的技术，建立有关的理论。

由于受到颇有成绩的早期研究工作的鼓舞和对其中困难的估计不足，AI的奠基者们对其前景作了非常乐观的预测："能够思考、学习、创造的机器已经问世，而且这些能力正在迅速地提高，在可以预见的未来，它

们处理问题的范围将同人脑处理问题的范围一样广阔。"当他们作此预言时，计算机尚在为下一盘像样的棋而努力，但他们已肯定"十年之内一台数字计算机将成为世界国际象棋冠军"。然而，几十年过去了，"电子秘书"的成功研制依然遥遥无期，甚至被证明是不可能实现的。但是，我们不能就此否认人工智能所取得的成就。近年来，伴随着计算机技术突飞猛进的发展，人工智能的研究不仅在一些传统的领域中获得了极大的成功，而且在一些新兴的领域取得了长足的发展。与此同时，人工智能的研究目标将由追求机器智能，逐渐转变为追求人机结合的智能系统。

　　至于人的智能，这是自古以来哲学所关注的主要问题。近年来认知心理学或西方所积极提倡的认知科学就是研究人的智能的科学。20世纪80年代初，我国著名科学家钱学森提出创建思维科学技术体系的主张。他是从搞人工智能、机器人方面考虑的，认为搞人工智能、机器人，就要搞一个关于人工智能、机器人的理论。这个理论，西方叫认知科学，我们叫思维科学。国内从这个时期开展了思维科学的研究，内容包括逻辑思维，也包括其他的思维过程，如形象思维（直感）、创造性思维等。并且钱学森认为思维科学研究的突破口是形象思维（直感）的研究。在以上学术思想的指引下，国内一些对此感兴趣的人士，结合文学、艺术领域做了一些探索性的工作。在思维科学方面取得的一项重要成果是钱学森院士与他的同事对"开放的复杂巨系统"的研究，为处理这类十分复杂的系统，他还提出了关于思维科学的一项应用技术，即"从定性到定量的综合集成法"。什么是开放的复杂巨系统呢？举个例子来说：在我国的经济建设进入市场机制，实行改革开放，与其他国家频繁交往时，国内各种所有制的存在，如果用科学的语言来描述，那就是一个既包括物又包括人的开放的复杂巨系统。这种类型的系统的重要性是显而易见的。处理开放的复杂巨系统，用已有的方法，只靠计算机是行不通的。这里所说的从定性到定量的综合集成法，其核心思想就是人脑与电脑的结合，采用综合集成法，就有可能把人的思维、知识、智慧以及各种情报、信息统统集成起来，达到集智慧之大成！

总之，我们主张人脑与电脑的结合，按照这一观点进行研制的系统是一种人机结合的智能系统。

第一阶段
简单控制程序

第二阶段
传统的人工智能

第三阶段
机器学习

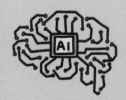

第四阶段
深度学习

第2章
人工智能的现状

人工智能的研究领域及其应用范围十分广泛，如自动定理证明、博弈、学习、推理、模式识别、自然语言理解与机器翻译，人工神经网络、计算机视觉，专家咨询系统及智能机器人，等。以下着重介绍几个方面：

知识系统的综合设计

知识是智能的信息源泉，它是思维的产物，同时它也是思维的基础。没有知识的系统很难谈及智能，知识是智能的基本条件之一。如果想要建立一个能模拟人类智能行为的智能系统，那么我们必须先建立一个较完善的知识系统。为此首先需要讨论人类智能行为的表现形式——知识的结构。

当人们学习新知识时，一定会经历从无到有的过程，在这个过程中有两种获得知识的方式：一是通过教师教授，二是靠经验的累积。通过第一种方式得到的新知识往往是公认的原理、方法及经验，而后者则是因人而异的。人工智能研究对那些具有个人性质的知识更有兴趣，而这些具有个人性质的知识一般来说没有明显的结构，很难清楚地表示出来，这也正是人工智能研究的难点所在。

人工智能的起始是基于心理学对经验知识研究的结果，即发现具有启发性的知识在人类思维过程中的作用。当将这类知识表达成能为计算机所接受的形式而被使用时，机器就表现出人类的智能行为。这就是人工智能的最初模型，我们称它为"基于逻辑的心理模型"。

事实上"基于逻辑的心理模型"仅仅描述了人类智能行为的一部分，即逻辑思维过程。而人类的形象思维过程，则很难被表达成逻辑形式。例如，我们问"什么是树"，如果用符号组成的文字来回答，对任何人都不是一件轻松的事，但是成人是怎样将这个概念教给儿童的呢？方法是举例说明，即指着一棵实际的树说"这就是树"。显然这是件很容易的事，但如何使计算机也接受这类举例说明，并可外延使用知识，显然并不是一件容易的事，这就有了被称为"人工神经元网络模型"的第二

个知识模型。

人工智能的早期研究并不重视或并未独立地研究那些利用书本或实际世界中有明确结构的信息。例如修车师傅一方面有多种修车的经验，另一方面他们一定了解车的结构，但在修车的过程中通常却不是利用力学原理及机械原理定量地指导修车的，恰恰相反，他们只使用一些定性的知识来指导工作。对于具有特定物理结构的对象，如何定性地加以描述是近年来人工智能研究的重要问题。我们称它为知识系统的第三个知识模型——"定性物理模型"。

人类常用图形说明一些问题，这些图形表达了人类的另一种知识——可视知识，即用眼睛看得见的知识。这类知识构成了知识系统中的第四个知识模型——"可视知识模型"。

以上我们介绍了四种知识结构，以"基于逻辑的心理模型""人工神经元网络模型""定性物理模型"以及"可视知识模型"加以描述。在设计一个知识系统（专家系统就是一种类型的知识系统）时，就可以采取综合的观点来开展研究工作。知识系统的研究可以看成是对各种定性模型（物理、感知、认知、社会模型等）的获取、表达及使用的计算方法进行研究的学问。

人工神经网络

人的大脑是至今自然界所造就的最高级产物，研究和制造具有智慧的智能系统无疑应该以大脑为模拟对象。

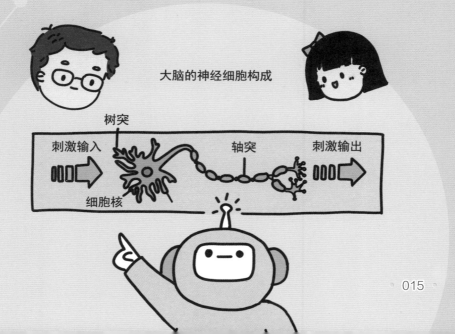

大脑的神经细胞构成

树突

刺激输入   轴突   刺激输出

细胞核

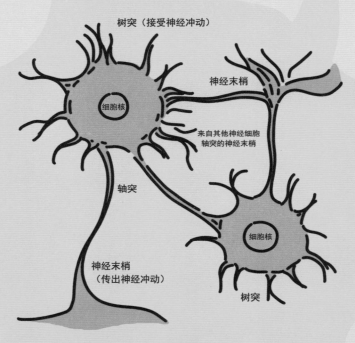

神经元及两个神经元之间的连接图

人的大脑约由 10^{10} 个神经细胞（也可称之为神经元）组成，这是一个天文数字，大体相当于天空中星星的数目。细胞之间通过树突与轴突互相连接，构成纵横交错的网络结构。两个神经细胞之间的连接如上图所示。

神经细胞通过突触互相交换信息，树突用来接受神经冲动，轴突分化出的神经末梢则可传出神经冲动。上页图只画出了两个神经元之间的连接，实际上，每个神经元平均有 10^4 条通路与其他神经元相连接。因此，这是一种极其复杂的通信网。右图抽象地展现了大脑的功能结构。

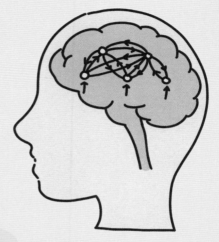

大脑功能结构图

按传统观点，一个人降生时，就已经具有了全部数量的脑细胞，其数目不再增加，随着岁月的流逝，它们将成批地死亡。但是，人们的记忆并不因为脑细胞的减少而逐步丧失。与此相反，人们的智能却在不断发展，那么，奥秘在哪里？原来，人们的记忆和智能并不是储存在单个脑细胞内，而是储存在脑细胞之间互相连接的网络之中，这被称为"分布式存储方式"。这样一种"分布方式"，使人的记忆和智能并不因单

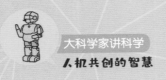

个脑细胞的死亡而消失。人们通过学习可不断地改变脑细胞之间的连接形式，使这个网络的功能不断提高，这就是人的智能发展的生理学基础。

　　人工神经网络就是在现代神经科学的研究成果的基础上加以极大的简化而提出的，反映了人脑功能的基本特性，但它谈不上是大脑的真实描写，并不可能包含大脑的功能和活动，只是在某种程度上，仿效了大脑的工作方式。同时，人工神经网络也是以"分布方式"表示信息的，并且其采用了并行处理方法，对信息处理体现了动力学网络的运行过程，具有许多与人的思维相类似的特点。右图是一种人工神经网络示意图。

　　图中结点表示人工神经元，它是对真正的生物的神经元的一种抽象、简化与模拟，可以

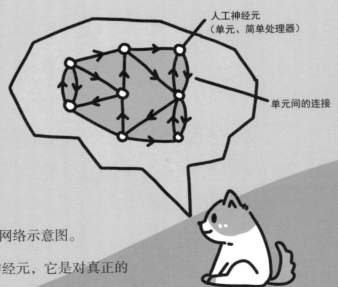

人工神经网络示意图

称之为"简单处理器",而处理器之间的连接则与生物神经元之间的突触连接相似。网络的信息处理由人工神经元之间的相互作用来实现,每个单元对上一层的所有单元发出激励或抑制信号;知识与信息的存贮表现为网络中神经元的互连间的分布式物理联系;网络的学习则决定各种神经元之间连接的强弱。

人工神经网络具有一定的智能,这突出表现在它能够进行学习。人工神经网络的学习过程主要是按一定的方式调整单元之间连接的强弱,使网络形成所要求的功能。神经元网络对知识表达从显式变成隐式,这种知识不是通过人的加工转换成规则,而是通过学习算法自动获取的。

有的学者把人工智能(AI)的研究途径概括为以符号处理为核心的传统方法及以网络连接为主的连接机制方法。从有关人的思维的角度来考虑,这是很自然的,人的两种重要思维方式是逻辑思维和形象思维(直感思维)。符号处理可以认为主要在于模拟人的逻辑思维,连接机制主要致力于模拟人的形象思维。关于形象思维虽然人们认识到了它的重要性,但用现在的计算机来模拟形象思维是很困难的,需要在计算机的体

系结构上有新的突破。人们对网络模型结构抱有很大希望，以往比较著名的人工神经元网络模型有哈普费尔德网络、反向传播网络、自适应共振理论网络等。

三

机器学习

利用机器学习处理与理解自然语言的问题一直是人工智能（AI）工作者们感兴趣的主要问题。对于机器学习来说，似乎只有达到人的学习能力并有创造性，才称得上机器能学习。这种观点是早期 AI 工作者盲目乐观给人的一种错觉。事实上机器学习的能力是很有限的，即人们告诉它多少，它才能具备多大的能力。因此机器在学习过程中碰了钉子后，AI 工作者们就采取了更为实际的态度。所以近年来把背景知识对学习的作用提到了非常重要的高度来认识。从文法的角度来看，缺少表示语义的背景知识，经过学习后所概括出来的文法，是没有语义信息的文法，

机器学习示意图

会出现很多很多不需要的解，如何通过机器学习来自动获取知识及自然语言处理的研究，对设计新一代专家系统起着重要作用。专家系统目前面临的最头痛的问题是知识自动获取，即具有丰富的专业知识与经验知识的专家如何把他们的知识表示形式转换成计算机能加以接受的形式，以知识获取作为立足点去研究自然语言处理与机器学习的目标既比较实际，又可以尽快提供一些应用成果。

　　人们通过大量的实践，碰了不少钉子之后，认识到过分追求机器能够单独实现某些智能行为的想法看来是不明智的，只有人与机器互相配合形成和谐的人机系统才能充分发挥人和机器的作用。现在已经形成人采用编制程序的方法求解问题。对人来说比较便捷的办法是通过图形描述问题，因为人所获得的信息中极大部分是视觉信息。人们用抽象方法表达问题时，也常常用图形作为抽象模型的示意。同样在人们进行思考时，最喜欢用图形或类似流程图的结构作为表示形式。爱因斯坦过去常常说，他不是用文字进行思考的，很多科学家和数学家也同意这种观点。早在20世纪50年代，当美国发展计算机的高级形式语言作为描述问题的语言时，苏联的科学家就已提出了利用图形描述问题的方式，由于受到硬件及技术水平的限制，未获得成功。随着技术的发展，这项工作又提到日程上来，有人提出以一些简单的插图作为基本元素，根据一定的规则，形成类似于程序语言的图示语言，亦即以图形为支持，充分利用通过眼睛所得到的视觉知识。某些视觉知识有可能通过图形的结构与含义两个方面来加以表达，以便于人机通信之用。人们从研制各种人工智能应用系统的过程中，归结出必须发挥人的作用的结论。例如在一系列规则的知识型系统中，使用规则时各条规则之间往往并不是互相独立的，而是与前后的来龙去脉有密切关系。完全借助机器去解决问题难以获得成功，需要通过有效的人机交互加以解决，因此就需要依靠人机共栖的系统发挥作用。如图形、文字、声音等模式为支持的知识型接口技术（也就是模式识别与人工智能相结合的技术）就是计算机系统的一个重要组成部分，也是和谐的人机系统所必不可少的。

模式识别

20 世纪 70 年代初，为了计算机技术竞争的需要，从长远观点解决人机交互问题，使得计算机的输入输出与机器的运算速度迅速适应，日本通产省实施了一个发展信息技术的"模式信息处理计划"。该计划的核

心在于发展模式识别技术，内容是对文字、声音、图像、景物等加以处理、分析、分类、描述及理解，解决计算机与人类活动的环境直接通信的问题，使计算机能自动识别字符、图形及声音信号等，以达到把这种类型的信息直接送入机器，或机器直接输出这种类型的信息的目的。所谓模式识别就是指识别出给定物体所归属的类别。我们在日常生活和工作中都离不开模式识别，如：到幼儿园接小孩，要辨认出哪个是自己的孩子；医生治病，首先要通过一系列的诊断来判断出患者得的是什么病，然后才能对症下药。而人工智能中所涉及的模式识别是指用计算机来代替人类识别模式，研究的是计算机模式识别系统。换句话说，也就是使计算机系统具有模拟人类通过感官接受外界信息、识别和理解周围环境的能力。1978 年在日本京都举行的第 4 届国际模式识别大会上，日本的专家介绍了他们进行这个计划所取得的成就，并组织会议的参加者到东京的邮局，参观邮政信函自动分拣系统：这种高度自动化的系统采用 10 个阿拉伯数字进行邮区编码，通过当时十分先进的手写数字识别技术对信函自动分拣。这是字符识别技术的有效应用，大家对这一新技术留下了深刻的印象。

模式识别与人工智能这两门学科，有着极为密切的内在联系和若干相同的研究目的。其中最重要的相似点在于二者均致力于了解人类的感知和认知过程，以便使机器具有相似的能力。人们在日常生活中几乎每时每刻都在进行模式识别。人具有模式识别的能力，可以说是人的智慧的一种体现。同时人的模式识别是形象思维的一种形式。在谈到有关形象思维的问题时，人们对于一些经验的体会往往是"只可意会，不可言传"。有人会问，既然不可言传，那怎么能理解，又如何加以研究呢？这是中国传统文化着重"用心体会"的认知方式，存在着不容易进行交流的弱点，但是我国的文化传统已表明，它是可以研究的。我国的《易传·系辞》上曾有一段很深刻的文字"书不尽言，言不尽意。……圣人立象以尽意"，是指前人对只可意会的东西的论述，采用的是比喻的方法。前人还采用"比类取象""援物比类"等方法来进行论述。这里我们用中医诊断疾病的方法来比喻形象（直感）思维，也许可以对进一步了解形象（直感）思维有所帮助。从中医诊断的方式加以分析，首先要立"象"，大夫通过多种媒体（望、闻、问、切）即通过看看病人的气色，舌头表面的颜

色，询问病人一些问题，要求病人——加以回答，记录病人脉搏跳动的频率以及其他相关数据等，把这些信息综合起来，就可以从总的方面推断出病因。中医看病就是一个模式识别问题，是自下而上的综合集成的过程。这是由大夫的大脑这一系统来完成的。大量实践经验沉积于大夫的脑中，形成表征与各种病症相对应的各种模式类的"意"，达到立象表意。如下图所示，"立象"很重要，在此过程中，采用以象说象的办法建立一种描绘整体形象的、比较抽象的象称为"意"。中医大夫对病人疾病的诊断是靠对人体的整体了解并根据"意"之间的相似性来加以判断的。

通过望、闻、问、

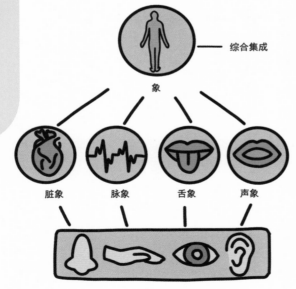

中医的"立象"示意图

切等感知及中医大夫自身的体会，建立子模式，再形成与各种病症对应的模式类型。

为了能够方便地使用计算机，人们希望能以十分简单的方式与机器打交道，希望机器能够听得懂我们所说的话，看得懂我们所写的字，并且能够以直观易懂的方式做出反应。这样，人工智能和智能计算机的研究就不可避免地要涉及有关模式识别的问题。

AI 的主要目标之一是使我们与计算机的交流更自然和更直观。能够使人类通过说与听和它们进行交流，是这个过程中极其重要的一个部分。我们下面来说一说涉及这些问题的有关技术。

1. 语音合成与语音识别

要使机器能够听得懂我们的话，这其中要涉及比较复杂的模式识别技术，我们稍后再加以介绍。下面先来说说使计算机能够开口说话的技术——语音合成。这项技术目前已并非什么难事，而且已经在我们的生活中得到了大范围的应用。我们可以非常方便地编制出一段

段程序，使它们产生特殊的音素，从而形成与人类声音相同的语音部件，通过对这些部件进行不同组合，就可以使计算机产生人能听得懂的语言了。有了这项技术，就可以让计算机去读任何文字组成的语言，也可以让它们去读标点符号，并建立适当的暂停和中止。然而美中不足的是，计算机在做这件事的时候，它并不理解自己正在说些什么。另外，虽然可以在多种声音之间进行选择，如男中音、女高音等，但计算机发出的语音却是极为平淡和缺乏感情的，由于缺少了最基本的抑扬顿挫，所以听起来非常乏味。要解决这一问题，还需付出一定的努力。美国麻省理工学院的媒体实验室正在进行一项研究，试图向语音合成添加更多的"感情"，有朝一日肯定会得到令人满意的效果。总之，让计算机开口说话，已经是非常普遍的了。

除了能让机器说话外，语音合成技术对残疾人而言也非常重要。对于盲人或丧失了说话能力的人来说，语音合成可以成为他们与计算机或与其他人联系的重要途径。著名的英国天体物理家斯蒂芬·霍金（Stephen Hawking）便使用语音合成器进行与他人的交流。他由于严重的疾病而导致全身瘫痪，并丧失了说话能力。他对这种交流方式非常满意，他说："实际上我现在和他人交流得比我失声之前还要顺畅。"他还开玩笑说，唯一的缺点是，它给他带来了"美

霍金坐在为他量身定制的轮椅上
思考宇宙的起源

国口音"（合成器是一家美国公司捐赠的）。2016年4月12日，霍金还向中国公众发了一条有99个单词的微博，顿时吸引了不少的中国粉丝。然而有人计算，霍金这99个单词，即便没有错误，大约也需要30分钟才能完成输入。再加上思考以及排版、审阅等，估计霍金用了大约40分钟时间，才完成了他向中国粉丝的第一次问候。这也全靠了英特尔公司为他设计的轮椅才得以顺利完成问候。它是一台集计算机软件、通信技术、红外光、语音转换器于一体的人工智能设备。通过它，霍金的思想可以转化为语音和文字，并传达给他的数百万新浪微博粉丝，甚至是全世界。

语音识别是使计算机能够听懂人类语音的核心技术。从学科划分上来看，它属于模式识别领域的一个重要方向，但由于其本身所具有的对智能计算机系统的意义，它也成为人工智能中备受关注的一个分支。

人类的发音是由声带、嘴唇、舌头、牙齿和鼻腔来共同完成的。发音过程的复杂性造成了语音识别的极大困难，不仅不同的人因所处的时代和地域的不同而造成发音不同，即使是同一个人也很难以同样精确的方式发出同一个词的音。这些问题对于人类来说，基本上不成问题，因为人类对会话的含义和上下文有深刻、灵活的理解，通常交谈双方会很容易地理解对方的语言中所传达的信息，即使是在有噪声干扰的情况下，我们也可以区分对方所发出的声音和背景声音，但对计算机来说，要达到上述功能却远非易事。

计算机进行语音识别的经典方法首先是用具有很多词句的大型数据库（称为模板）来武装计算机，当有声音输入时，机器快速地在库中进行搜索，并试图用数据库中正确的模板与之匹配。这种方法是模式识别中最传统的方法，叫作模板匹配法。

语音识别技术的研究始于 20 世纪 50 年代初期，在开始阶段成功地进行了 0 ~ 9 共 10 个数字的语音识别实验。此后由于当时技术上的限制，研究进展十分缓慢，直到 1962 年才由日本研制成功第一个数字语音识别装置。20 世纪 70 年代以后，各种语音识别装置才相继出现，能够识别单词的语音识别系统（称为离散语音识别系统）已经开始进入实用阶段。到 20 世纪 90 年代，语音识别取得了突破性进展，连续语音识别——即可以识别正常的流畅语音的识别系统也已问世，并迅速地走向了实用化。

2. 汉字识别

利用计算机这一极为有效的信息处理工具，对人类通信过程中所用的各种文件进行处理是十分自然的事。在我国，各种文件资料几乎都是用汉字书写的，为方便地处理文件资料，首先要考虑如何把汉字文本送入计算机，然后才可能让计算机进行处理，这是中国人所遇到的特有的问题。世界上使用的文字大致有两大类：一是拼音类文字；二是象形类或图形类文字，汉字属于第二类。在人与计算机打交道的过程中，拼音文字具有极大的优越性，可以利用键盘通过敲击一个个字母把文字输入计算机。对于像汉字这样的图形类文字，日常使用的汉字数量太多，字的结构又复杂，一直没有适当的输入设备。当大量的计算机进入我国后，虽然许多计算机都可以用于中文信息处理，但使用的输入设备仍然是键盘。为了通过键盘把汉字输入计算机，国内涌现出各式各样的汉字编码方案。所谓汉字编码方案就是通过一定的规则，把汉字转换成字符或数字，使用键盘输入计算机。为了输入汉字，需要牢牢记住编码规则，这对于经常使用计算机的数据录入人员可以接受，对于一般人却是相当麻烦的事。尤其对于小孩子来说，汉字本来就难学，花费的时间够多了，现在又要学习汉字编码，更加重了负担。计算机在我国得到普及，而需要利用西文键盘输入汉字成了使用计算机过程中的阻碍。我们知道科学技术的发展必然会打破以往的限制与工作方式。汉字是图形类的文字，顺其自然应当用输入图形的方式把汉字输入计算机。一种途径是通过让计算机认字，发展汉字识别的技术，把书写在纸上或其他介质上的汉字（包括图形等图文并茂的汉字文本），通过扫描等技术以及自动认字的方法，方便、自动、快速地把汉字输入计算机。这种方法称为脱机汉字识别，这里所说的汉字，包括手写汉字，以及各种印刷体汉字的文本；另一种办法称为联机手写汉字识别，即使用者在一块特定的书写板上写字，在

写的过程中就把所写的字送进计算机。很明显，解决好汉字识别问题，对发展我国的信息事业，弘扬我国的传统文化，具有重要的意义。汉字识别的类型大致可概括如下图所示。

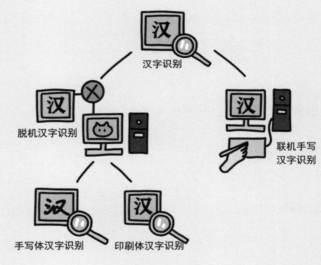

汉字识别的类型

另外还包括汉字中混有其他字符，如中文、英文及数字混在一起的识别等。

在国内，最初人们想研究汉字识别主要是从文化方面考虑——我们自己国家使用的汉字理所应当由自己来用计算机进行识别汉字文本的研究；以后主要被它巨大的市场及经济价值所吸引。经过一段时间的研究开发，人们对汉字识别的难度有了清醒的认识之后，仍有大批的研究者坚持这方面的工作。这项工作之所以如此困难，一个重要的原因是汉字识别是模式识别的典型问题，汉字识别有如下特点：

①汉字种类繁多，汉字识别问题是一个大字符集的模式识别问题。国家规定使用汉字的标准，国标 GB2312-80 共有常用汉字 6763 个，分为两级。第一级 3755 个汉字，使用频度达 99.7%，第二级包括 3008 个汉字，两级汉字总使用频度达 99.99%。

②汉字结构复杂，它是一种结构性很强的表意文字。每个汉字都由若干笔画组成，笔画间的拓扑关系也很复杂。

③汉字中相近字多，部分汉字之间只存在着很细微的区别。如"侯"与"候"之间只相差一个竖笔画，"大"与"太"之间只相差一点。

④汉字书写形变大。虽然同一个汉字的拓扑结构在不同的书写中基本保持不变，但其图像大小、形状各异。汉字印刷体的字体就有宋、仿宋、

黑、楷、隶书、魏碑、圆体等多种字体，手写汉字的书写字体更是五花八门。再加上书写环境不同，书写就很不规则了。

⑤汉字书写环境的复杂程度基本适中。我们知道，从复杂的背景中分割出所要识别的对象并抽取特征，本身就是一件相当困难的事情。这也是我们对一些对象的识别无法进行的重要原因。汉字书写的背景尽管也有很复杂的，但大部分情况下都是书写在纸上，虽然大小不一，甚至还有一些其他物体图像的干扰，但从中分离出汉字还是有可能的。

⑥汉字样本普遍存在。尽管汉字样本的收集也需一定的努力，由于汉字使用的人多，样本的收集有时间与财力的问题。不过目前已有一些较完备且应用较广的汉字样本集。

当人们在考虑用计算机自动认字，尤其是认汉字的时候，自然而然地会联系到人认汉字时的特点，为的是用计算机来模拟人认汉字的过程。许多科技工作者的实践表明，这是件很具吸引力但又不容易实现的事。中国的小孩子在开始学习汉字时，是通过老师和家长的教导，一笔一笔地写成一个汉字的，从一些笔画构成偏旁部首，再从偏旁部首到整字，

第 2 章
人工智能的现状

反复地进行学习。可是长大成人后，在对汉字"再认"时，却是从整字来看待的，并不注重一个字的各个部分，只有在遇到某一汉字与其他汉字非常相似出现难以辨认的情况时，才会进一步注意细部的辨别，并进行最后的确认。一般来说，不会对汉字的每个笔画或偏旁部首一个个地加以辨认。人的学习过程和认字过程是不一样的，认字时考虑的是汉字的整体形象。这一点很重要。由于类别非常多，汉字识别被公认为最困难的模式识别问题之一。

以上谈的是两个较典型的模式识别问题，下面谈谈与人工智能有关的问题。

自然语言理解

　　语音识别技术的成功使得计算机能够"听"话，但要它能够"听懂"我们的话，还需要另一项技术——自然语言理解。毫无疑问，让计算机理解我们所说的话的含义是人工智能的一个重要领域。

　　当人与人之间用语言互相交流时，一般情况下，我们理解对方的语言是不用太费力气的，然而要建立一个能够理解自然语言的计算机系统却是异常困难的。这就涉及计算机能做什么和不能做什么的争论核心。即便是我们先把弄懂语音的意义暂且放在一边，计算机理解通过键盘输入的语言时，仍然存在着一些非常深奥和难以解决的问题。虽然计算机可以非常方便地给出任何一种语言中任意一个单词，而且也能快速地对语句进行语法分析，但让计算机对其中的意义进行理解仍是十分困难的，许多问题都涉及人类语言的特性。

　　然而让计算机能够听懂我们的语言，这又是一个不得不面对的问题。尽管自然语言处理的研究自 20 世纪 50 年代就开始了，但其进展极为缓慢，一直到 20 世纪 60 年代中期，各种努力均未收到预期的效果。随着心理学、语言学、数学及计算机科学的进一步发展，随着人们对自然语言理解的认识越来越深刻，20 世纪 60 年代中期至 20 世纪 70 年代初期，自然语言处理的研究出现了新的转机。两个相当完善的自然语言理解系统的先后诞生，在世界上引起了震动：其一是 20 世纪 60 年代末在美国麻省理工学院创建的一个自然语言理解系统，其二是在斯坦福大学人工智能实验室完成的另一套系统。

　　由于上面提到的前一个系统似乎展示了计算机可以理解、推理、学习并具备一定数量的常识的能力，所以它引起了强烈的震动。人们简直以为已经实现了真正的人工智能，它成功地促使人们生成幻觉，就好像你是真正在同计算机会话一样。

　　而另外一个系统则能给出一篇关于人们日常生活的短文，并就这篇短文的内容与人们进行交谈。它同样能理解人们的问话及文章的内容，

并就此给出合适的回答。这两个系统展示出的不可思议的自然语言理解能力，确实是令人叹为观止。

有了语音合成、语音识别和自然语言理解这三大技术，计算机又聋又哑的时代有望宣告结束了。尽管这些技术还远不尽如人意，特别是自然语言理解还面临着巨大的困难。但一般来说，微处理机的功能、速度和容量将每18个月翻一倍，而成本却在同一时期内减半。有了有效的工具，计算机能够听懂我们的话，按照我们的吩咐去工作的日子可能不会太远了。

计算机视觉

传统的计算机除了又聋又哑之外，还是个盲人。为了使计算机真正做到能听、会说、看得见，还必须形成必要的视觉系统。

实验表明，人类接收外界信息，80%以上来自视觉、10%左右来自听觉和触觉。同语音识别一样，机器视觉原来也是模式识别的一个分支，由于它独特的地位和作用，逐渐从模式识别的一个领域发展成为一个独立的学科。

机器视觉的研究涉及神经生理学、视觉心理学、物理学、化学等领域。它研究的是如何对由视觉传感器（比如摄像机）获取的外部世界的事物进行分析和理解，并作出合理的描述。对于物体的分析和理解是一种高级的智能活动，因而计算机视觉就成为人工智能研究和应用的一个非常重要的领域。

早在 20 世纪 70 年代中期，麻省理工学院人工智能实验室的马尔教授就给出了机器视觉的理论框架，提出了视觉的计算理论。他认为视觉理论问题是一个复杂的信息处理问题，其中存在着不同的信息表达方式和分层次的处理过程。其最终目的是用计算机来实现对外部世界的描述。在其理论中，他阐明了视觉系统要做什么和怎么做的问题，提出了三个层次的研究方法，即计算理论、算法和硬件实现。计算理论的首要任务

是用计算机来完成视觉理解，而传统的计算机的运算对象是数字或符号，同时还要受到有限之容量、运算速度的限制，因而有了计算理论还必须考虑有效的算法及其硬件实现。计算机技术和超大规模集成电路工艺的发展，使得信息处理的实用性有了极大的提升，计算机视觉的研究也取得了相应的成果。目前已在图像预处理、立体与运动视觉、三维物体建模与识别等方面都取得了很大的进展。

从应用的角度来看，机器视觉的研究是要解决如何让计算机看得见和看得懂的问题。

如果说，语音识别的着眼点完全放在如何使计算机更容易为人所使用这一目标上的话，那么计算机视觉则是要侧重于解决怎样才能使它更容易与人相处这个问题了。打个比

方，假如你不知道说话的对象在不在场，你怎么能和他或他们讨论事情

呢？你看不见他们，不知道他们有多少人，你也不知道他们到底有没有

集中注意力听你讲话，这样的交流能顺利地进行吗？即使是能进行，效

率会高吗？我们在拼命发展人机对话的同时，不应该把参与对话的另一

方留在黑暗中。

关于机器视觉的研究和应用长期以来几乎完全是针对情景分析的。这种情景分析大部分是出于军事上的目的，如操控无人驾驶的汽车和发射智能炸弹等。下面我们来看一则导弹拦截的例子，一个智能系统负责监视领空，一

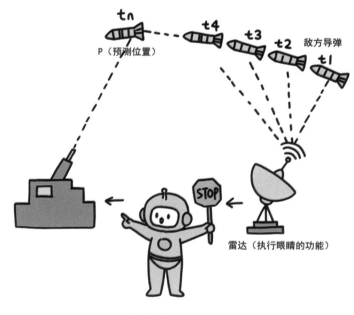

导弹拦截的一个例子

个雷达和若干导弹供它支配，雷达就相当于这个智能系统的眼睛。假设雷达在某一时刻发现一枚敌方导弹进入其领空，它会马上跟踪该导弹，然后迅速计算出导弹在另一时刻的位置，控制反导弹发射架发射拦截导弹，从而在预测的位置成功地将其击落。

计算机在空间技术中的应用也带动了视觉技术的发展。打个比方来说，假如有一个机器人正在月球上进行勘探，它仅把自己看到的影像传回给地球上的操作人员是不够的，因为距离太远。即使是用光速来传输，所需要的时间仍然太长，如果它不能根据自己所看到的情景做出相应的决策而一味等待地球上的操作人员的指令，显然是行不通的。假如它走到了悬崖边上，等到人类操作员看到录像中出现悬崖，赶忙把指令传到月球上让它停止前进时，它早就掉下去了。因此，机器视觉研究的内容不只是让计算机"看见"，更主要的是让机器"看懂"。

目前机器视觉的研究也已取得了相当大的进展，开发出了一些实用的技术。在一次国际会议上，与会者向大家展示了一台能够认识50个人的电脑。虽然机器能够准确地给出它已经认识的人的姓名及其他资料，

但当一个它不认识的与会者兴致勃勃地让它辨认时，它的回答竟是"这不是一个人"。这个笑话可以说明机器的视觉水平还很低。事实上，一个人的最重要的信息都在脸上，机器应该能够读懂它。换句话说，为了能使机器更容易与人相处，它必须能够辨认人的五官及其表情。这项研究被称作脸谱识别，也是模式识别的一个分支。

人们的面部表情与他们想要表达的内容息息相关，人与人之间面对面进行交流之所以重要，其原因就在于此。即使不是面对面，在打电话

的时候，我们也不会因为电话线另一端的人看不到我们，自己就面无表情。有时候，为了加强口语的分量和语气，我们常常会更多地调动脸部的肌肉，并伴有一定的手势。计算机可以通过视觉信息，加深对我们传递出的语言信息的理解。

与自然语言理解相比，脸谱识别似乎要容易一些。它除了可以使电脑能更方便地与人相处之外，还可应用于可视电话、电话会议等方面，只要给计算机配备一个摄像头装置，以及能够编码、解码和适时地把影像进行传输和显示的硬件和软件，便可以方便地实现面对面的电脑

通信。20 世纪 90 年代初，海湾战争期间，许多商务旅行均被禁止，因此电信会议大量增加。此后，在这方面的应用越来越普遍。现在，价格低廉的电信会议设备已经得到普及，这也可以算作是计算机视觉的一个副产品吧。

语音合成、语音识别、自然语言理解、机器视觉等技术的发展将把受制于键盘和显示器的计算机解放出来，使之成为与我们进行交谈、共同生活的对象。这些发展势必将使我们的生活方式的方方面面——学习方式、工作方式、娱乐方式发生重大的变化，从而对整个人类社会的发展产生具有深远意义的影响。

关于人工智能的研究方法，大体上可以分为两类：

（1）以符号表示，以启发式编程和逻辑推理为核心的传统方法。这种方法主要在于模拟人的逻辑思维。

（2）以网络（包括人工神经元网络）为主的连接机制方法。这种方法在某种程度上模拟人的形象思维或直感思维。

当然，还可以将上述两类方法结合起来，在知识获取和表达、推理

及解释等方面加以应用，着眼于模拟逻辑思维和形象思维。从思维科学的角度来考虑，综合逻辑思维和形象思维就可以产生创造性思维，而创造性思维是智慧的源泉。

根据知识的不同类型与特点或描述知识所采取的手段，可以把人工智能领域中，有关知识系统的模型概括为以下四类：

（1）基于逻辑的心理模型；（2）人工神经元网络模型；（3）定性物理模型；（4）可视知识模型。

总之，以上所述的四类模型中，第一类模型比较成熟，其他三类模型无论在理论上或工程实现上，都尚处于研究阶段。很明显，优良的知识系统的设计将依靠多种模型的综合集成。

第 3 章
人工智能的
一些成就

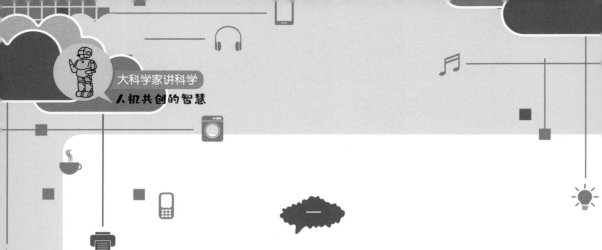

专家系统的出现是 1978—1988 年 AI 研究中最受人关注、引以为豪的事件

　　所谓"专家系统"实际上是把专家的经验、知识用计算机的程序加以体现，所以也称为知识系统。例如有一位有名的大夫，他对小儿咳嗽的诊断与治疗有丰富的经验，那么可以把他的医疗诊断知识与经验注入计算机的程序之中，这个程序就有可能做出类似那位大夫所做出的诊断，使其具有相当于专家的水平。但是对这样的系统，患病者难以依赖，也就是说专家系统只能起到辅助作用。当然专家系统的构思，还是具有很大的吸引力的。自从 1977 年举行的国际人工智能会议上提出知识工程这一新课题以来，专家系统的飞跃式发展，主要表现在两个方面：

　　（1）专家系统的原理广泛应用于医学、军事、教育、经济等各个领域。

　　1988 年在美国人工智能协会的年会上，知识工程的创始人费根鲍姆应邀介绍了关于专家系统应用于经济领域的调查报告，在这份调查报告中估计国外大约有 2000 个以上的专家系统已投入使用。其应用范围极其广泛，包括非常简单的应用，例如帮助人们填表等。另外，专家系统也在极为复杂的领域得到了应用，如解决一些用一般的数学规划方法不能解决的问题，其中，诊断方面的应用居于首位。实践表明由于采用专家系统，人们的工作效率大为提高。据说美国杜邦公司由于采用了一种在微机上运行的专家系统程序，使基本项测试工作的用时由原来的 4 小时减少到 15 分钟，工作效率提高了 16 倍。美国一家计算机公司的一个专家系统，是根据用户要求给计算机配置的系统，如果让专家来做配置工作，一般需要 3 小时，而用这个系统只要半分钟，速度提高了 300 多倍，也就是说提高了两个数量级。另外使用专家系统可以大大提高操作质量，一个采用专家系统提高操作质量的例子是美国有一种信用卡所认可的辅助决策系统，据说每年可节省 2700 万美元左右的费用。同时，由于决策质量的提高，还能够避免出现不应有的损失。该调查报告还调查了美国知识工作者的生产力增长情况，认为不是日本的 5.5%，而是提高了几十

倍甚至几百倍，从而说明专家系统用于工业的潜力。

（2）合理地组织与利用知识的方法及技术并用到软件设计中去的主张，为越来越多的计算机专家所接受。

每个有知识的人都是能掌握本国语言的专家，在阅读时可以在成千上万个字中识别出其中的任何一个字，并立即从自己所储存的知识中检索出相应字的意义。同样的医生们也是用类似方法处理医学征兆，下棋的高手在对弈时也是依据棋盘上的棋局行动，等等。我们知道专家所做出的直感式的创造性反应，是专家对存在记忆中的几万个模块进行识别后的反应。对此有所了解的同时，人们要求用计算机对结构不良问题（主要表现在系统中，所包含的知识是不完备的或不一致的问题）和创造性问题进行探索。到目前为止，大部分 AI 的成就与结构良好的任务的程序设计有关。对于这种任务，目标和容许的操作符都是有明确定义的。研究结构不良问题在原理与方法上需要克服现有专家系统的不足，因此人们正在致力于发展新一代专家系统。

国际象棋的人机大战

　　早期，人们认为研制出能够战胜世界象棋冠军的计算机一直是 AI 的一个重要目标。尽管困难重重，AI 的奠基者们仍对此作了相当乐观的预测，司马贺（H．Simon）教授早在 1958 年就断言，10 年之内计算机将成为世界象棋冠军。当然他的预言未能如期变为现实，这一过分乐观的预言也

给批评者留下了话柄。但时隔近 40 年之后，一位华裔工程师及其同事们研制的"深蓝"（Deep Blue）计算机系统，终于将司马贺的预言变成了现实。

回顾计算机博弈的研究历史，尽管困难重重，但几十年来一直在一步一个脚印地向前迈进，学术界对此也给予了很大的关注。1980 年，麻省理工学院的计算机科学家为促进电脑弈棋的研究，在卡内基梅隆大学设立了一笔总数为 10 万美元的奖项。这一奖项的颁发，直观地显示出计算机博弈这项研究的发展历程。

1996 年 2 月 10 日至 17 日，为了纪念世界上第一台电子计算机诞生 50 周年，著名的计算机公司 IBM 斥巨资邀请国际象棋世界冠军卡斯帕罗夫与 IBM 的"深蓝"系统在美国费城举行六局大赛。这场比赛被人们称作是"人脑与电脑的世纪决战"。参赛的双方分别代表了人脑和电脑的最高水平。卡斯帕罗夫是国际象棋史上最杰出的选手，他也被誉为"世界上最聪明的人"。了解他的棋迷说，卡斯帕罗夫在这个世界上没有对手，只有上帝才能赢他。而当时的"深蓝"是一台运算速度达每秒一亿次的超级计算机。人机相遇，第一盘"深蓝"就给卡斯帕罗夫来了个下马威，战胜了这位世界冠军，给世界棋坛带来了极大的震动。但卡斯帕罗夫在此后总结经验，稳扎稳打，在剩下的五局中赢三局，平两局，最后以总比分 4:2 获胜。虽然在那场比赛中，"深蓝"第一局的胜利最终也是唯一一盘胜利，但它却使卡斯帕罗夫这位棋王产生了"这台机器偶尔也会有智慧"的感觉。

IBM 并未就此罢休，一年后，即 1997 年 5 月 3 日至 11 日，"深蓝"再次挑战卡斯帕罗夫，这时的"深蓝"已不同往日，其运算速度又提高了一倍，达每秒两亿次。赛前，一位权威人士认为，"深蓝"仍难以获胜。因为根据他的计算，要威胁到卡斯帕罗夫，"深蓝"的运算速度必须达到每秒十亿次，而要达到这样的速度，还需要几年时间，但"深蓝"的主设计师们却对"深蓝"的获胜充满了信心。人机大战又一次吸引了世人的关注。

5 月 3 日，卡斯帕罗夫首战击败"深蓝"，5 月 4 日，"深蓝"扳回一局，之后双方三局、四局、五局均握手言和。至此，"深蓝"精湛的残局战略

使观战的国际象棋专家们大为惊讶。卡斯帕罗夫本人也表示："在这场比赛中我有许多新发现，其中之一便是计算机有时也可以走出人性化的棋步。在一定程度上，我不得不赞扬这部机器，因为它对局势因素有着深刻的理解，我认为这是一项杰出的科学成就。"双方的决胜局于5月11日拉开了战幕，卡斯帕罗夫在这场比赛中仅仅走了19步便放弃了抵抗，比赛用时只有1小时多一点儿。这样"深蓝"便以3.5∶2.5的总比分赢得了这场人机大战的最终胜利。

"深蓝"的胜利令世人震惊，它展现了人工智能所达到的水平。"深蓝"的获胜得益于它强大的运算功能和海量的存贮空间。"深蓝"是一台拥有32个处理器和强大并行计算能力的RS/6000SP/2超级计算机，其运算速度达每秒两亿次。它存贮了百余年来世界顶尖棋手的棋局。尽管它的棋路还远非真正地对人类思维方式的模拟，但它已经向世人说明，电脑能够以人类远远不能企及的速度和准确性完成原来是属于人类思维独霸领域的大量任务。我们对于机器在体力方面超过自己早已司空见惯，这并不会引起我们的紧张，机器能使我们做到过去在脑力上从未做到的事，只会让我们更具成就感。但是，能够进行思维，那是人类的特权，正是思维的能力，使我们超越了体力上的限制，并因此获得了比其他物种所获得的更加值得骄傲的成就。

总之，国际象棋人机大战的科学意义在于：计算机技术取得了巨大的进展，人们为今后可以通过人脑与电脑协同工作，以人机结合的方式解决十分复杂的问题（例如：社会经济领域中的重大决策问题，天气预报等极其复杂的问题）寻找到了最佳途径。

人工智能的里程碑——AlphaGo

人们普遍认为，棋类中以围棋所涉及的智能行为最为复杂。下国际象棋同许多艺术行为一样需要许多技能，比如具有独创性、想象力、总体意识和制造假象的能力等。国际象棋冠军往往被认为是世界上最聪明

的人。而围棋，是一种策略性两人棋类游戏，在中国古时被称作"弈"，而西方称其为"Go"。围棋起源于中国，传说为尧帝所创作，春秋战国时期即有记载，围棋蕴含着中华文化的丰富内涵，是中华文化与文明的体现。

2016 年，世界再一次迎来了人类人工智能的一个新的里程碑，即 AlphaGo 的问世。AlphaGo 是谷歌旗下 DeepMind 公司开发的人工智能围棋程序，目前已经击败了无数世界职业围棋选手。2016 年 3 月 9 日到 15 日在韩国首尔，AlphaGo 成功打败了韩国国手李世石九段，一举成名。虽然

Lee Sedol

曾有"深蓝"击败国际象棋大师卡斯帕罗夫的先例，但在此之前，人们普遍认为围棋的复杂性远大于国际象棋，人工智能想要战胜围棋高手至少在目前还很难实现。

AlphaGo 依靠近年来快速发展的深度学习（deep learning）技术，利用大量棋局数据进行训练，最终达到了打败人类顶尖棋手的水平。AlphaGo 与李世石的这次对弈，不仅是人工智能发展史上新的里程碑，也标志着人工智能的强势崛起，并在公众中掀起了关注人工智能的热潮。

汉字与指纹识别

　　我国在人工智能与模式识别方面所取得的成就是多方面的，如英文翻译成中文的机器翻译、各种类型的专家系统的应用（包括有关农业方面的专家系统）、几何定理的机械化证明等等，由于篇幅的限制，不可能都加以介绍。下面仅谈谈汉字识别与指纹识别方面的情况。

　　前面已经谈到过，常用的汉字 6763 个，分为两级，第一级 3755 个，第二级 3008 个，在使用的过程中还要用到其他的如数字或外国的字符以及特殊的符号。每个字符对应着一个类别，也就是说，如果有所变化，发生畸变或受到干扰等影响的同一个字属于一类。对于汉字，不论是印刷体的汉字或者是手写体的汉字，其类别的数目都大于 6000，而类别数越大，要用计算机来进行精确的分类也就更困难。所以手写汉字识别是很难解决的模式识别问题，也是我们中国人必须自己解决的问题。

　　指纹图像的识别也是很有意义的工作。人们的指纹都不相同，指纹实际上是一个人的特征，可以用来对人进行鉴别。有人在研究"指纹锁"，一把保存有自己指纹图像信息的锁，只有把自己的指纹送进去，锁才能打开，这不是最可靠的防盗办法吗？指纹识别的有效应用也体现在侦破刑事案件的方面。犯罪分子在作案时，留下了手印，而一些屡屡作案的犯罪分子，已经留下了前科，公安机关已经有了犯罪分子们的"指纹库"。在作案的现场发现犯罪分子的指纹时，首先可以把所发现的指纹与"指纹库"中的指纹对比（这一过程是用计算机来完成的），从而找到犯罪分子。使指纹识别技术投入应用于侦破刑事案件方面的难

度是相当大的。犯罪分子为了避免留下痕迹被公安机关抓获归案，往往都小心翼翼、胆战心惊、尽量不留下指纹痕迹，偶尔疏忽所留下的指纹，也是残缺不全、模糊不清的，所以必须有能力对这样的指纹进行鉴别，才能使坏人难逃法网。众所周知，一个大城市里的人至少有几百万，而每个人的指纹又不相同，所以与汉字识别相类似，指纹识别也是大类别的自动分类问题。

对于汉字与指纹识别，国内已经靠自己的研究与开发，提供了实用的商品装置。如清华大学文通公司等已开发成功"印刷体汉字识别软件"，中科院自动化研究所汉王公司开发成功的"汉王笔"是一套在一块手写板上书写，从而把汉字输入计算机的联机手写汉字识别系统。在指纹识别方面，清华大学、北京大学的专家们已经成功研制出用于刑事案件侦破方面的指纹识别系统，也提供给了有关单位，达到了实用化的要求。

汉语语音识别

我国是使用汉语的国家，所以国内外有不少科技专家较早就开始了研制汉语语音识别系统的工作，取得了许多成果。1997年6月，IBM宣布，其语音识别产品家族又添新成员，从而向实现人机对话这一语音技术的终极目标迈出了一大步。这个新成员，是一套汉语语音识别的软件，它带有一个基本词

汇表，表中收有三万余条常用的汉语词条。当然，大部分常用的计算机命令也被收录在内。另外，它还允许用户根据自己的需要增扩词汇表，最多可达 65000 条。识别时系统同时使用基本词汇表和个人词汇表来处理听写过程中接收的信息。除此之外，这套软件还具有很强的自学能力，它可以不断地分析用户的语音，以更新语音模型，从而使识别率得到提高。

这套软件适用于绝大部分人（非特定人）讲的话的连续汉语语音识别系统，不论男女老幼的声音都可以进行识别，无须通过专门的训练，即使是有轻微的口音也不例外。若用户的口音较重，也不必担心，该软件具有较强的学习能力，保证最后还是能完成识别。用户可以首先对一组给定的语句进行录音，然后该软件使用录好的语句为其建立个人语音模型，这一过程称为训练。训练过程一般需要半个小时到一个小时，具体时间取决于录下的语句数目和机器的速度。经过训练后，系统就可以以更高的识别率对用户的语音进行识别。另外，它还具有自适应功能，在用户的使用过程中，它能不断熟悉用户的口音、语言风格及用词习惯等，从而使识别速度和识别率得到进一步的提高。由于在这套汉语语音识别系统中用语音命令来改正识别的错误比较烦琐，所以其采用国内汉王公司的在线手写汉字识别技术，对于语音输入过程中出现的识别错误的地方，只要做一些标记，如画一个圈，再把正确的字用"笔"输入，就完成改错了。这足以见得汉语语音识别技术和在线手写汉字识别技术结合得相得益彰。

有了汉语语音识别技术，我们便可以用更为自然的方式与计算机进行交流了。设想一下，坐在计算机前，不用敲键盘，不用笔写，只需动口说一说，该做的事就做完了，何等的方便、自然、快捷。

语音识别的发展

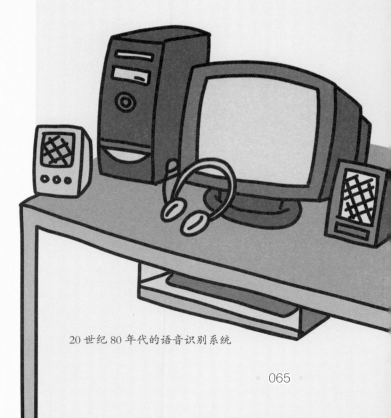

20 世纪 80 年代的语音识别系统

正在改变人机的交互界面，正如鼠标和图形界面在 20 世纪 80 年代所起的作用一样。我们可以借助这一技术在计算机上完成一系列的工作，比如可以听写文件，发送电子邮件，打开和关闭计算机文件，浏览国际互联网络，等。语音合成和语音识别技术的实用化，彻底改变了以往计算机又"聋"又"哑"的状态，使它变得更为灵活、方便和人格化。

六

智能机器人的兴起

人类已经开发出的智能技术几乎能够感知环境中的一切：光线、声音、压力、温度、运动，甚至气味，有些传感器还能够帮助机器人管家确定自己的位置。其实，我们的起居室已经用到了某些复杂的技术：Kinect 是微软开发的适用于 Xbox 的游戏操纵盘，它结合摄像头和软件来扫描整个房间并建立 3D 影像，能辨别何处有何物体以及移动中的人的特征。这个装置提供了精妙的动作传感器，成了机器人技术研究者和爱好者的福音。美国 iRobot 公司将此项技术应用到了 Ava 机器人（一种遥控电话会议机器人）身上。同时谷歌公司与其合作，将它的绘图、声音、言语、图像和面部识别技术也运用到了机器人身上。但是直至今天，某些传感技术仍然存在棘手的问题。比如，语音识别，虽然该技术的应用在当今商业计算机行业很寻常，但实际上，目前的语音识别技术并没有做到万无一失。

从 2011 年起，语音助手 Siri 就成了苹果手机的一大特色，它能够连接音乐、访问联系人、发送信息、安排约会，甚至可以通过你发出的语音口令浏览网站。但是，Siri 无法辨识带口音的语音和嘈杂的声音，也无法理解单词排列顺序发生改变的指令。为了避免混淆，机器人管家还需要做到理解人类的姿势、手势、面部表情等常用的交流方式。

比如，iRobot 公司的 Roomba 真空吸尘机器人在 2002 年就已问世。这个扁平的圆形机器人虽然并不高效，经常重复清扫同一个地方，但它能够避开障碍物，彻底清洁地板，而它的主人可以坐在一旁看书，只要

最后倒一下垃圾就行了。

集群机器人技术尚处于起步阶段，但在未来 10 年内，世界上的很多家庭很有可能拥有至少一个家用机器人。国际机器人联合会在 2012 年到 2015 年间售出了 1560 万个私人服务机器人。据 2007 年的数据统计，日本使用了世界上 40% 的机器人。日本政府已经公布其设想，要在 2025 年将自主服务机器人用于照顾老人。未来会是一个像电影中描述的那样的智能社会吗？我们人类会一直期待着这一天的到来。

第 4 章
系统与环境

　　20世纪人工智能在取得成绩的同时，也接连不断地受到了冲击。有人把从20世纪50年代到80年代对人工智能的研究工作作了如下比喻：对人的智慧进行研究并用电脑加以模拟，如果不研究整个人，而是把脑袋隔离开来，只考虑脑袋中的左半球是不行的（左脑主管逻辑思维，以及抽象分析与语言、计算的能力）。逻辑思维虽然能体现人的智慧，但人是靠脑袋和肢体这个整体在一定环境中生活的，受环境的影响，同时不断地互相发生作用，才具有适应环境的能力。这一比喻在一定程度上说明了20世纪50年代至80年代这段时间，传统人工智能研究工作的局限性。前面已谈到，传统人工智能受到了批评，首先是来自哲学家的批评。美国的德瑞福斯兄弟两人于1979年出版了一本叫作《计算机不能做什么》的书，书中主要讲的是用计算机来实现人工智能的局限性。该书把智能活动分为4类：第一类是各种形式的初级联想型行为，刺激—反应等心理学家最熟悉的领域；第二类是数学思维的领域，问题可加以形式化，并完全可以计算；第三类是复杂形式化系统，原则上可形式化而实际上无法驾驭的行为，需要有启发性的规则来支持；第四类是无法形式化的领域，人类的日常活动就属于这一领域。总之，以上论述表明，对于能够形式化的问题，即使看上去十分繁复，只要能用数学表达（如天气预报问题），计算机就能成功解决。那些不能形式化的问题，看上去似乎很简单，如前面所说的第四类领域内的问题，计算机就无能为力了，也就是说以计算机为工具解决不了日常生活中所遇到的大量问题。而人善于处理的恰好是这一领域的问题，否则人就无法活下去。说穿了：人具有意识与思维能力，计算机没有；电脑（计算机）是"死"的，人脑是"活"的。

面对哲学家的这些看法，人工智能领域的专家们并不太在意，因为只有看法而未参与实践的人们的观点往往难以令人信服。一件在人工智能研究领域里引起震惊的事件发生在 1991 年 8 月在澳大利亚的悉尼举行的第 12 届国际人工智能联合会议上。世界上 23 个国家的近 1500 人参加了这次会议。在这次会议上，美国麻省理工学院的年轻教授布鲁克斯（R．Brooks）获得了大会授予的"计算机与思维"项目奖，他在会上作了题为"没有推理的智能"的学术报告，提出了关于人工智能的一些新观点，与传统的看法大相径庭。他论述了计算机、机器人等的发展情况以及关

于自己长期研究的"人造昆虫"，即具有六条腿的像个大蝗虫一样的自动装置，也就是一个系统，从实践与经验上论述了 20 世纪 40 年代由维纳（N. Wiener）创立的控制论思想对人工智能的影响。其中的主要内容是说明在研制一个能体现智能行为的系统时，自然要问系统究

竟能在什么样的环境中运行；也就是说系统与环境是不可分的，不能脱离系统所运行的环境来谈系统的性能。系统的复杂性不仅仅体现在系统本身，而且也体现在环境方面。例如研制一个家用机器人（或以前说过的"电子秘书"），与一个在工业方面完成某种零件装配的机器人就大为不同。家用机器人的运行环境零乱而复杂，家庭中有床、桌子、电话、冰箱等杂乱物品。家用机器人必须能识别环境中的各种物体，绕过各种障碍物行动。所以，考虑到家庭这样的运行环境，家用机器人是个复杂的系统。从历史的发展来看，在人工智能这一学科问世的 20 世纪 50 年代，苏联自动控制领域的一些专家们就开始了研制能适应环境的自动化装置的工作。例如当时演示过的一种安装有敏感元件，可以绕过障碍物的"机械乌龟"，就给人留下了深刻的印象。总之布鲁克斯围绕控制论的思想，认为以现有的计算机体系结构为基础，引导开辟的一些人工智能的方向，与生物系统的智能方向是完全不同的。在控制论发展的初始阶段，计算模型是模拟的，而不是数字的。该领域的许多工作实际上是瞄准对动物和智能的了解，探明动物如何通过学习来改变它们的行为，以及整个机

体如何适应环境等。早在 1952 年，一位控制论专家阿希贝（R. Ashby）已经认识到，并且明明白白地论述过：为了理解机体所产生的行为，一个机体和它周围的环境，必须考虑一起构成模型来加以研究。

布鲁克斯本人是一个研究 AI 的专家。他在 1991 年的人工智能杂志上还发表过《没有表示的智能》。他以人工昆虫为例，对传统人工智能中的核心概念"表示"与"推理"提出了异议，提出了不同于符号处理的"包容体系结构"。认为对于机器人或其他智能系统及周围世界必须包括在系统的模型之中。同时他认为智能的来源不仅仅限于计算装置，也来自周围世界的情景，敏感器之间的信息传送，以及机器人与周围环境的交互作用。

以上这些观点表明，智能行为可以在明显的、可操作的内部表示情况下产生，也可以在没有明显的推理系统情况下产生，智能是系统与周围环境进行交互作用所呈现出来的。布鲁克斯的工作展现了人工智能的新方向，也就是"现场（Situated）AI"。智能系统一方面要从所运行的环境中获取信息（感知），另一方面要通过自己的动作（作用）对环境施加影响，互相作用，共同进化。其实现场人工智能的思想并不深奥，我国有句通俗的话："一匹马是好马还是坏马，拉到野外去遛一遛就知道了。"这里所说的"野外"，就是前面所说的"环境"，马只有在野外活动时才能体现出它的优劣。研制人工智能系统，不能只考虑头脑部分，还要考虑躯体、各种敏感元件、执行机构等等因素，同时也要求系统能对其进行运行工作的环境有识别与理解的能力。

如果进一步加以分析，AI 传统观点的中心思想是 20 世纪 70 年代末由纽威尔（A. Newell）和司马贺等首先阐明的一个假设（假设是根据经验、直觉或猜想提出的一种论点，不能加以证明，但通过实践，可以确认它的正确性）。这个假设表达为下面的说法：任何一个系统，如果它能表现出智能，它必定能执行下述 6 种功能。（1）输入符号；（2）输出符号；（3）存储符号；（4）复制符号；（5）建立符号结构；（6）条件性转移。反之，如果任何一个系统，它具有上述 6 种功能，它就能表现出智能。这个称为"物理符号系统的假设"，仔细加以琢磨，这个假设是将数字计算机的功能进行概括而得到的。大量传统的人工智能工作就是在这个假设的推动下

进行有关符号系统典型性质的研究。以此为基础发展了许多种类的专家系统，形成了"知识工程"领域。但以克兰西（W. Clancy）为代表的一些学者则认为符号理论不能解释人类的智能行为，智能行为不是像计算机的中央处理器的工作方式那样呈现的，而是一种能同时协调感知—动作的机制；智能行为是感知—动作多个循环的结果，不是深思熟虑的推理和决策；学习不是一个存储新程序的过程，而是一种能同时协调感知—动作的辩证机制；这种感知—动作的神经结构和组织过程是在行动中创造的，是通过它们的不断激活、竞争选择和重新组合得到的，是一种自组织的机制。于是围绕着"物理符号系统假设"，以年轻的克兰西为代表的一方与以大名鼎鼎的司马贺为代表的一方展开了激烈的争论。科学研究中的民主是十分重要的，不论职位高低、贡献大小、工资多少，能敞开思想，进行平等的讨论与争论，才能促进科学技术的发展。克兰西是司马贺的学生的学生，属于小字辈，他们的学术观点不一致，但同样能一起进行讨论。发扬科学民主，开展学术讨论，才会使青年人脱颖而出！

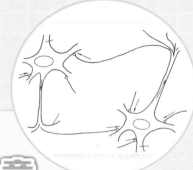

第 5 章
人机结合的
智能系统

人们从实践中认识到，以研制完全靠计算机而不靠人脑的自主系统为目标，是不合理的。发展无人工厂并非正确的追求，这是以往人工智能的实践给予大家的教训，对于发达国家和发展中国家都是如此。

我们要追求的是人与机器相结合的智能系统，强调的是人脑与电脑的结合，是人类的心智与电脑的高性能相结合。两者相结合，并不是简单地相加，电脑可以尽可能地做一些事，如资料的积累、储存、提取等等。人负责按科学技术体系去获取资料，消化和激活信息。为了进一步说清楚人脑与电脑的结合的重要性与合理性，这里谈谈我国哲学家熊十力关于人的智慧的说法。他认为人的智慧，通常叫心智；而心智又可以分成两部分，一部分叫作"性智"，一部分叫作"量智"。性智是一个人把握全局，定性地进行预测、判断的能力，是通过文学、艺术等方面的培养与训练而形成的。我国古代的读书人所学的功课中，包括琴、棋、书、画，通过学习这些功课所培养出来的就是"性智"，也就是说这对一个人的修身养性起着重要的作用。性智也可以说是形象思维的结果。人们对艺术、音乐、绘画等方面的创作与鉴赏能力等都是形象思维的体现。心智的另

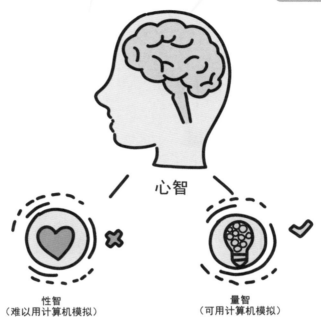

心智的两部分

一部分量智是通过对问题的分析、计算，通过科学的训练而形成的智慧。
人们对理论的掌握与推导，用系统的方法解决问题的能力都属于量智，
是逻辑思维的体现。所以对青少年的培养来说，艺术与科学是两个十分
重要的方面。而在分析现在的电脑的体系结构时，用电脑对量智进行模
拟是有效的。人工智能的研究表明了对逻辑思维的模拟可以取得成功，
但是用现在的电脑模拟形象思维基本上是行不通的。电脑毕竟是人研制

出来的，是死的不是活的，我们用不着非得死心眼，一定要电脑做它做不到的事。总而言之，明智的办法是人脑与电脑相结合，性智由人来创造与实现，而与量智有关的事由电脑来实现，这是合理而又有实效的途径。从体系上讲就是把人作为一个成员综合到整个系统中去，利用并发挥人类和计算机各自的长处，把人和计算机结合起来形成新的体系。强调人在未来智能系统中的作用，是对传统人工智能，也是对传统自动化

目标的革命。这将带来一系列在研究方向及研究课题上的变革。另外，"人作为智能系统成员"的论点，包括两个层次，即界面与体系两方面的含义。人机界面是实现"人作为智能系统成员"的必要条件。这里所说的人机界面，其含义不同于那种基于图形学的人机界面，而是包含了模式识别这类涉及感知方面问题的更广义的人机界面。目前这方面的研究工作是十分活跃的，有代表性的研究有两类：（1）多媒体技术；（2）"灵境"（Virtual Reality）技术。根据国外一些著名大学的多媒体实验室对于多媒体的论述，可以看出：多媒体技术与模拟人类的智能行为紧密相关。换句话说，就是将人机通信的过程同样理解为一种智能行为，这是十分引人注目的。关于"灵境"技术，其研究思路是力求人在求解问题的过程中使其有身临其境之感。"灵境"技术使人的感觉大大拓宽，小至分子大至宇宙都可如同亲临其境，将使人的感觉及认知来一次飞跃。由于要模拟真实世界，因此这项技术与三维图形的表示与处理有密切关系，并且需要大型计算机与相应的物理设备。

　　最后我们再补充一点，多数人已经习惯于在生活中使用互联网，就

好像学生离不开纸和笔一样。而互联网以及网上的用户，实际上就形成了一个遍及全球的开放的复杂巨系统，这个系统就像一个信息的汪洋大海。人们希望获得自己所希望得到的信息，而不致淹没于信息的汪洋大海中，所以期望着新一代的智能系统来达到上述要求。

互联网是一个人机结合的系统。互联网作为当今世界上最大的计算机网络、最大的提供信息共享的信息设施，现已通向全世界150多个国家和地区，子网数目已达15000多个，功能各异，层次繁多。同时子系统之间的联系，有简单也有复杂，它与人类社会系统、经济系统都有十分密切的联系，比如大量信息的交换。它的用户又正是社会系统中的主体——人。因此可以认为互联网属于开放的复杂巨系统的范畴。

用户是互联网的灵魂，没有用户就没有今天的互联网。不仅互联网的发展归功于用户的不断提升的需求，而且网上的各种信息资源、软件程序以及通信方式更体现了用户的参与和创造。而用户即是人，人又是社会系统、经济系统的主体，他们组成了具有复杂联系的社会系统，同时又建成了影响整个社会生活的经济系统，而且人又作为社会系统、经济系统的支配者处于主导地位。总而言之，用户把信息网络和社会系统耦合起来，使信息网络成为社会系统中信息流的载体。正是通过用户，社会系统、经济系统中的各种信息、各种数据才源源不断地被注入互联网，同时也正是通过用户的创造性劳动，使得互联网中的信息资源又反过来在社会系统、经济系统中起了越来越重要的作用。这样便形成了一个正反馈，作用会逐渐加强，联系会愈加紧密，这一点充分体现了互联网的开放性，见下图。

　　互联网这个系统和人类社会系统之间有着很重要的相互影响。在实际社会生活中，人们要不断地工作、学习，创造物质财富和精神财富，人与

互联网的开放性

人之间要经常不断地进行交流，这种交流不仅包括物质的交流，如买卖商品、朋友之间的馈赠等，还包括思想意识的交流，如写信、谈心、文件的公布等。人作为互联网的用户进入网络系统后，这种交流也相应地被带入了网络中，人们在网上可以进行随意的交谈，网络可以让用户无论身处何地，随时可以和"远在天边"或是"近在眼前"的另外一些人谈话，互相发送电子邮件。

同样，网络系统和人类经济系统之间也有着很重要的相互影响。人类经济社会中的一个最根本的现象便是商品的生产和交换。人们通过劳动，消耗一定的生产资料和劳动力，生产出供人们使用的商品，这些商品又通过市场进入流通领域，最后经过买卖关系进入消费者手中。随着互联网的不断发展，对于某些类别的信息商品，互联网越来越成为其生产、销售的主要场所。目前很多软件公司，都已经开始在网络上生产和销售软件产品，有些数据公司也开始在网上出售信息，广告作为商品宣传媒介也早已进入互联网，商品买卖中的货币收付问题也可以通过电子银行来实现。让人感到很明显的一种趋势便是这种电子化商品经济似乎发展越来越快，影响也越来越深刻。人们曾经所想象的"在家中去逛逛超级市场并购物"的图景已成为现实。所以说，互联网和社会经济系统的联系也是非常密切的。

电子数据交换（EDI）是一个能够很好地说明互联网、社会系统以及经济系统相互间紧密联系的例子。EDI 主要的用途是在国际国内贸易中实现所谓"无纸化"贸易。买卖双方从一开始就商品价格等的磋商达成一致，签订合同，到后来商品交付后通过银行收付货款，向税务部门交税，向海关报关等一系列环节都通过电子化单据来进行。互联网的这种应用开辟了一种崭新的贸易方式，它不仅效率高，而且准确无误。全世界各个国家和地区的公司再也不存在地域上的差别，再也不需花上一两个星期去邮寄各种单据，只需敲一下键盘，几秒钟之后，贸易伙伴就可以收到各种单据并可迅速地做出回应。通过银行的参与，在一定程度上可以防止国际诈骗事件的发生；另外通过海关和税收部门的参与，又可以杜绝进口偷漏税现象的发生。因此，互联网、社会系统、经济系统在这里便很好地融合在一起了，同样这也是一项大的复杂巨系统工程。

人们为了从互联网这样一个信息的汪洋大海中获得所需要的信息，正在费尽心思，研制一些能在网络上作为用户"代理人"，按照用户的要求为用户服务的智能装置。这种装置称为"智能体"（agent）。智能体本身比较简单，但如果它能在网上到处漫游，又具有自我复制及互相合并的能力，那么就会在网上产生一大群性能相类似的装置。这一大群智能体有可能呈现出非常灵活的适应网络环境的能力，从而作为用户的好代理，完成用户所希望完成的获取信息等工作。当然这样的工作只能一步一步地慢慢完成。用户是人，智能体要了解人的要求与意图是十分困难的事。开始时只能用死板的办法让智能体按用户明确指定的目标去活动，以后再逐渐让它以十分灵活的方式掌握用户的要求，去完成任务，这也是一种人机的结合。可以看出，计算机技术、网络技术以及人工智能的技术综合起来，使得人类的空间距离与时间距离大大缩短，以便全世界共同享受人类创造的知识财富！1995年美国一批著名的科学家举行过一个题为"智能系统在国家信息基础设施中的作用"的会议。会议讨论了在网上如何获得需要的信息，挖掘出有用的信息以及如何在数据库中获得与发现知识等具有极为重要的意义的热点问题。这些问题都是以人为主的，体现了人机结合的智能系统技术。另外在解决这些问题的过程中，国内掌握了"从定性到定量的综合集成法"，有了一些新的实践成果，取得了令人鼓舞的进展，为科教兴国做出了贡献！